Biographie de l'auteur

Amor Abbassi est licencié ès sciences physiques de la Faculté des Sciences de Grenoble et diplômé de l'Ecole Nationale Supérieure du Génie Maritime de Paris (ENSGM). Il est Ingénieur Général retraité du Génie Maritime et ancien Directeur des Transports Maritimes au Ministère Tunisien des Transports. Depuis 2000, il est Expert Maritime auprès de la FTUSA. Il a publié chez Amazon KDP les livres suivants intitulés

- Mes paroles et citations, édition française,

- Mes dictons et citations. Édition anglaise,

- Humour et drôleries. Édition française.

- Humour et blagues. Édition anglaise,

- Le Covid-19, que doit-on en savoir ? Édition française,

- Covid'19, qu'est-ce que vous devez savoir. Édition anglaise,

- De Big Bang à Big Crunch, édition anglaise,

- Les plus beaux poèmes d'amour, édition anglaise,

- Discoverig The Universe, édition anglaise,

- Énergies renouvelables, édition française,

- Energies renouvelables, édition anglaise,

- Tendances économiques et économie pomitique Édition française;

- Réchauffement climatique, édition française;

- Tendances économiques, édition anglaise,

- Wirschaftstrends, Deutsche Ausgabe,

- Die reisen von Sindbad dem semblentann, Deutsche Ausgabe,

- Le Covid-19, que doit-on en savoir ? Édition anglaise,

- Le Covid-19, que doit-on en savoir ? Édition allemande,

Le Covid-19, que doit-on en savoir ? Édition espagnole

Préambule

Le **réchauffement climatique**, ou **planétaire**, est le phénomène d'augmentation des températures moyennes océaniques et atmosphériques du fait d'émissions de gaz à effet de serre excessives.

Ces émissions dépassent en effet la capacité d'absorption des océans et de la biosphère et augmentent l'effet de serre, lequel piège la chaleur à la surface terrestre. Le terme « réchauffement climatique » désigne plus communément le réchauffement mondial observé depuis le début du XXe siècle, tandis que l'expression « changement climatique » désigne plutôt les épisodes de réchauffement ou refroidissement d'origine naturelle qui se sont produits avant l'ère industrielle.

En 1988, l'ONU crée le Groupe d'experts intergouvernemental sur l'évolution du climat (GIEC) pour synthétiser les études scientifiques sur le climat. Dans son quatrième rapport datant de 2007, auquel ont participé plus de 2 500 scientifiques de 130 pays, le GIEC affirme que le réchauffement climatique depuis 1950 est « très probablement » dû à l'augmentation des gaz à effet de serre d'origine anthropique (liés aux activités humaines). Les conclusions du GIEC ont été approuvées par plus de quarante sociétés scientifiques et académies des sciences, y compris l'ensemble des académies nationales des sciences des grands pays industrialisés. Le degré de certitude est passé à « extrêmement probable » dans le cinquième rapport de 2014.

Les dernières projections du GIEC sont que la température de surface du globe pourrait croître de 1,1 à 6,4 °C supplémentaires au cours du XXIe siècle.

Les différences entre ces projections, proviennent des sensibilités différentes des modèles pour les concentrations de gaz à effet de serre et des différents scénarios d'émissions futures. La plupart des études ont choisi 2100 comme horizon, mais le réchauffement devrait se poursuivre au-delà car, même si toutes les émissions s'arrêtaient soudainement, les océans ayant déjà stocké beaucoup de chaleur, des puits de carbone sont à restaurer, et la durée de vie du dioxyde de carbone et des autres gaz à effet de serre dans l'atmosphère est longue.

Des incertitudes subsistent sur l'ampleur et la géographie du réchauffement futur, du fait de la précision des modèles, de l'imprévisibilité du volcanisme, mais aussi des comportements étatiques et individuels (présents et futurs) variables. Les enjeux socioéconomiques, politiques, sanitaires, environnementaux, voire géopolitiques ou moraux, étant majeurs, ils suscitent des débats nombreux, à l'échelle internationale, ainsi que des controverses. Néanmoins, depuis 2000, un consensus émerge sur le fait que les effets du réchauffement se font déjà sentir de manière significative, qu'ils devraient s'accroître à moyen et long terme et qu'ils seraient irréversibles sauf actions concertées, locales aussi bien que planétaires.

Amor Abbassi

Le réchauffement climatique…Les causes, les conséquences et les solutions.

Historique du réchauffement planétaire

Définitions du réchauffement climatique

Définition simple du réchauffement climatique

Le réchauffement climatique est un phénomène global de transformation du climat caractérisé par une augmentation générale des températures moyennes (notamment liée aux activités humaines), et qui modifie durablement les équilibres météorologiques et les écosystèmes.
Lorsque l'on parle du réchauffement climatique aujourd'hui, il s'agit du phénomène d'augmentation des températures qui se produit sur Terre depuis 100 à 150 ans. Depuis le début de la Révolution Industrielle, les températures moyennes sur terre ont en effet augmenté plus ou moins régulièrement. En 2016, la température moyenne sur la planète terre était environ 1 à 1.5 degrés au dessus des températures moyennes de l'ère préindustrielle (avant 1850).

Définition scientifique du réchauffement climatique

De façon plus précise, lorsque l'on parle du réchauffement climatique, on parle de l'augmentation des températures liées à l'activité industrielle et notamment à l'effet de serre : on parle donc parfois du réchauffement climatique dit "d'origine anthropique" (d'origine humaine). Il s'agit donc d'une forme de réchauffement climatique dont les causes ne sont pas naturelles mais économiques et industrielles.
De nombreux scientifiques étudient ce phénomène et tentent de comprendre comment les activités des sociétés humaines provoque ce réchauffement. Ces scientifiques sont regroupés au sein du GIEC (Groupe International d'Experts sur le Climat), et ils publient régulièrement des rapports étudiant l'évolution du réchauffement climatique (voir plus bas).

Histoire de la science du réchauffement climatique

Premières découvertes de l'effet de serre et définition du Réchauffement climatique

Les premières suppositions sur l'effet de serre sont faites par le scientifique Jacques Fourier en 1824.
Plusieurs scientifiques après lui vont étudier et tenter de quantifier le phénomène, comme Claude Pouillet et John Tyndall. Mais la première expérience de validation et de quantification précise de l'effet de serre est faite par le scientifique **Svante Arrhenius** à la fin du XIXème siècle. Dans les années 1890, il découvre qu'un air riche en gaz carbonique retient plus la chaleur des rayonnements solaires, ce qui conduit à une augmentation de la température de l'air.
Il en conclut que si l'on rejette dans l'atmosphère de grandes quantités de carbone (à cause des activités industrielles fonctionnant par la combustion du charbon), l'air va se charger en CO2 et retenir plus de chaleur. Les premières estimations de l'augmentation des températures faites par Arrhenius et d'autres scientifiques de l'époque, comme le géologue **Thomas Chamberlin** sont les suivantes : si l'on double la quantité de gaz à effet de serre dans l'atmosphère, la température moyenne augmentera de 5 degrés. En 1901, **Gustaf Ekholm** utilise pour la première fois le terme "effet de serre" pour décrire le phénomène.
Pendant plusieurs décennies ces découvertes ne sont pas prises au sérieux dans la communauté scientifique. À l'époque, beaucoup de spécialistes estiment que la nature pouvait s'autoréguler et que l'impact de l'homme était minime. Notamment, beaucoup de scientifiques pensaient que le surplus de CO2 serait de toute façon absorbé par l'océan, ce qui est vrai, mais pas totalement. Toutefois, la thèse de la possibilité d'un réchauffement climatique lié aux gaz à effet de serre (dont le gaz carbonique) finit par être validée dans les années 1940 par Gilbert Plass. À l'aide des technologies modernes, il

prouve de façon définitive, que la concentration de gaz à effet de serre dans l'atmosphère influe sur la capacité de l'air à retenir les rayons infrarouges et la chaleur. Ce sont les premières définitions du réchauffement climatique.

La prise de conscience du réchauffement climatique

Dans les années 1960, plusieurs scientifiques vont montrer que les présomptions sur l'effet de serre s'avèrent en fait réelles. Charles David Keeling prouve par exemple que la concentration de CO_2 dans l'atmosphère augmente progressivement grâce à ses mesures près d'Hawaï. Roger Revelle prouva que le carbone dégagé par la combustion d'énergie fossile n'était pas immédiatement absorbé par l'océan. Les scientifiques commencent à se préoccuper de plus en plus du réchauffement climatique, et de ce fait, la société politique va commencer à prendre en compte ce problème. En 1971 le premier Sommet de la Terre évoque pour la première fois dans une grande conférence internationale la définition du réchauffement climatique et ses conséquences. En 1972, John Sawyer publie un rapport scientifique mettant en évidence de façon de plus en plus claire les liens entre le réchauffement climatique et l'effet de serre. Pendant encore plus d'une décennie, les preuves du réchauffement climatique s'accumulent dans la communauté scientifique au point qu'au milieu des années 1980, les 7 plus grandes puissances économiques mondiales (le G7) demandent à l'ONU de créer un groupe d'experts chargés d'étudier la question. C'est la première fois qu'il y a une vraie prise en compte et une vraie définition du réchauffement climatique comme problème public par les institutions internationales.

Les premiers rapports du GIEC sur le réchauffement climatique

Le GIEC (Groupe d'experts intergouvernemental sur l'évolution du climat) est créé en 1988 avec pour objectif d'étudier l'évolution du phénomène de réchauffement

climatique et ses conséquences. Il rassemble des centaines de scientifiques, climatologues, géologues, océanographes, biologistes, mais aussi des économistes, sociologues, ou ingénieurs et d'autres spécialistes de divers domaines afin d'avoir une vision globale de ce phénomène.
Le GIEC est structuré en trois groupes de travail:

- le premier est chargé d'étudier le changement climatique en tant que phénomène : le processus, son ampleur ;
- le second spécialisé sur **les conséquences du réchauffement climatique**, la vulnérabilité des écosystèmes et des sociétés et l'adaptation au réchauffement climatique ;
- enfin le dernier groupe est chargé d'étudier la question de la **lutte contre le réchauffement climatique**.

Le GIEC rend son premier rapport en 1990, puis plusieurs autres périodiquement jusqu'à son dernier rapport en 2014. Dans ces rapports, la communauté scientifique du GIEC analyse les causes du réchauffement climatique, et son impact sur **l'écosystème** et sur la société, en élaborant des modèles prédictifs. À partir de ces modèles et de ces prévisions, les pouvoirs publics et les entreprises peuvent mettre en place des stratégies pour lutter contre le réchauffement climatique ou pour mieux s'y adapter.

Les causes du réchauffement climatique

Les modèles du GIEC ont permis d'établir les causes du réchauffement climatique, de savoir d'où provient ce réchauffement climatique et qui le provoque.
Grâce aux scientifiques, on sait avec certitude, que ce sont principalement les émissions de gaz à effet de serre d'origine humaine qui influencent le climat et le réchauffement climatique. Mais d'où viennent ces émissions ?

Transports, voyages et émission de CO2

Les émissions de carbone des grandes centrales électriques

Elles proviennent principalement, de la production d'énergie (électricité, chauffage), de la combustion du carburant pour les transports (principalement les voitures, mais aussi en partie l'aviation et le transport maritime) qui causent le réchauffement climatique. Ensuite arrivent la gestion des territoires et notamment la **déforestation**, l'agriculture mais aussi l'élevage.

La déforestation en Amazonie (Brésil)

Les gaz à effet de serre (GES) ont un rôle essentiel dans la régulation du climat. Sans eux, la température moyenne sur Terre serait de -18 °C au lieu de +14 °C et la vie n'existerait peut-être pas. Toutefois, depuis le XIXe siècle, l'homme a considérablement accru la quantité de gaz à effet de serre présents dans l'atmosphère. En conséquence, l'équilibre climatique naturel est modifié et le climat se réajuste par un réchauffement de la surface terrestre. Nous pouvons déjà constater les effets du changement climatique. C'est pourquoi il convient de se mobiliser et d'agir. Tout le monde est concerné : élus, acteurs économiques, citoyens, pour réduire nos émissions de gaz à effet de serre, mais aussi pour s'adapter aux changements déjà engagés.

Pourquoi la terre chauffe-t-elle ?

L'effet de serre

La Terre reçoit en permanence de l'énergie du soleil. La partie de cette énergie qui n'est pas réfléchie par l'atmosphère, notamment les nuages, ou la surface terrestre est absorbée par la surface terrestre qui se réchauffe en l'absorbant. En contrepartie, les surfaces et l'atmosphère émettent du rayonnement infrarouge, d'autant plus intense que les surfaces sont chaudes. Une partie de ce rayonnement est absorbée par certains gaz et par les nuages, c'est le phénomène de l'effet de serre. L'autre partie est émise vers l'univers et la température de la Terre s'ajuste pour trouver un équilibre entre l'énergie du soleil absorbée en permanence et celle réémise sous forme de rayonnement infrarouge. Une augmentation des gaz à effet de serre suite aux activités de l'homme piège une partie de ce rayonnement, ce qui provoque une hausse de la température des surfaces jusqu'à trouver un nouvel équilibre. C'est la cause principale du réchauffement climatique observé ces dernières décennies.

Les principaux gaz à effet de serre

Certains gaz à effet de serre sont naturellement présents dans l'air (vapeur d'eau, dioxyde de carbone). Si l'eau (vapeur et nuages) est l'élément qui contribue le plus à l'effet de serre « naturel », l'augmentation de l'effet de serre depuis la révolution industrielle du XIXe siècle est induite par les émissions d'autres gaz à effet de serre provoquées par notre activité :

L'accumulation du dioxyde de carbone (CO_2) dans l'atmosphère contribue pour 2/3 de l'augmentation de l'effet de serre induite par les activités humaines (combustion de gaz, de pétrole, déforestation, cimenteries, etc.).

- C'est pourquoi on mesure usuellement l'effet des autres gaz à effet de serre en équivalent CO_2 (eq. CO_2). Les émissions de CO_2 actuelles auront un impact sur les concentrations dans l'atmosphère et sur la température du globe pendant des dizaines d'années, car sa durée de vie dans l'atmosphère est supérieure à la centaine d'années.
- Le méthane (CH_4) : les élevages des ruminants, les rizières inondées, les décharges d'ordures et les exploitations pétrolières et gazières constituent les principales sources de méthane induites par les activités humaines. La durée de vie du méthane dans l'atmosphère est de l'ordre de 12 ans.
- Le protoxyde d'azote (N_2O) provient des engrais azotés et de certains procédés chimiques. Sa durée de vie est de l'ordre de 120 ans.
- L'hexafluorure de soufre (SF_6) a une durée de vie de 50 000 ans dans l'atmosphère.

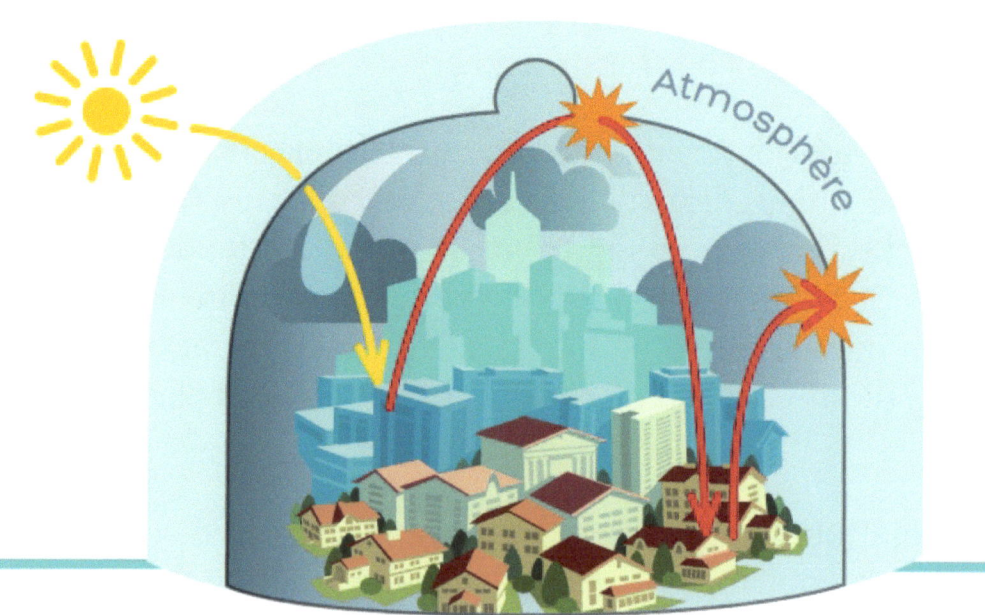

Gaz à effet de serre "naturels"

Les deux principaux gaz responsables de l'effet de serre sur terre, puisque notre planète a une atmosphère telle qu'elle est aujourd'hui (qui était probablement il y a quelques centaines de millions d'années !) sont :

Vapeur d'eau (H_2O),

Dioxyde de carbone (CO_2).

Il y en a d'autres et bien d'autres. Certains, comme le CO_2 et la vapeur d'eau, sont « naturels », c'est-à-dire qu'ils étaient dans l'atmosphère avant l'apparition des humains. Cette présence ancienne signifie nécessairement qu'ils ont des sources naturelles mais aussi des «puits» qui éliminent les gaz en question de l'atmosphère et maintiennent la concentration plus ou moins stable. Pour la vapeur d'eau, le "puits" s'appelle ... pluie, et pour le CO_2, une partie du puits est simplement la photosynthèse.

En plus de la vapeur d'eau et du dioxyde de carbone, les gaz à effet de serre « naturels » les plus importants sont :

Le méthane (CH_4) n'est rien de plus que ... le "gaz naturel" de nos fours,

Gaz hilarant (N_2O), le nom savant de…. Le gaz hilarant (qui n'est plus tellement ici),

L'ozone (O_3), une molécule composée de trois atomes d'oxygène (les molécules du gaz oxygène "normal" n'ont que deux atomes d'oxygène).

Dire que ces gaz sont "naturels" - et donc issus de sources naturelles - ne signifie bien sûr pas que l'homme n'a aucune influence sur leurs émissions ou leur concentration dans l'atmosphère. Pour les 3 gaz cités ci-dessus, ainsi que pour le CO_2, il a été montré que l'homme ajoute sa part et augmente significativement sa concentration dans l'air. C'est aussi la raison pour laquelle, comme pour le CO2, le méthane et le protoxyde d'azote sont pris en compte dans les accords internationaux comme le protocole de Kyoto. Ce n'est pas le cas de l'ozone, mais cela est dû à des difficultés pratiques et non à un manque d'impact climatique

Les gaz « industriels » à effet de serre

A côté des gaz « naturels » à effet de serre, il en existe d'autres, que nous pouvons qualifier d' « artificiels » : ils s'agit de gaz industriels qui ne sont présents dans l'atmosphère qu'à cause de l'homme. Les principaux gaz « industriels » à effet de serre sont les **halocarbures** (formule générique de type $C_xH_yHal_z$ où **Hal** représente un ou plusieurs halogènes) : il s'agit d'une vaste familles de gaz obtenus en remplaçant, dans une molécule **d'hydrocarbure** (le propane, le butane, ou encore l'octane, que l'on trouve dans l'essence, sont des hydrocarbures), de l'hydrogène par un gaz **halogène** (le fluor, le chlore…). Les molécules ainsi obtenues ont deux propriétés importantes pour nous :

- Elles absorbent très fortement les infrarouges, beaucoup plus que le gaz carbonique à poids égal,

- Certaines d'entre elles (les perfluorocarbures par exemple) sont très « solides » : elles sont chimiquement très stables dans l'atmoshère, et seule la partie la plus « énergique » du rayonnement solaire et intersidéral (les ultraviolets et les rayons cosmiques) peut « casser » les liaisons de ces molécules une fois qu'elles sont dans l'atmosphère. Comme ces processus sont lents et n'interviennent que loin du sol, ces molécules d'halocarbures ont donc des durées de vie dans l'atmosphère qui peuvent être très longues, car il faut attendre qu'elles diffusent dans la stratosphère – donc qu'elles montent haut alors qu'elles sont souvent très lourdes – avant d'être « cassées », et cela peut prendre des milliers d'années.

Une famille particulière d'halocarbures, les CFC, a la double propriété de contribuer à l'augmentation de l'effet de serre, mais aussi de diminuer la concentration de l'ozone stratosphérique (la fameuse « couche d'ozone », qui en fait n'est pas vraiment une couche). La production de ces gaz est désormais interdite (ou en cours d'éradication), au titre du protocole de Montréal signé en 1987, qui ne concerne pas les autres gaz à effet de serre.

Il existe également un autre gaz industriel que l'on mentionne souvent dans les milieux spécialisés, l'hexafluorure de soufre (SF6). Il est utilisé par exemple pour les applications électriques (transformateurs) et… les doubles vitrages. Il n'est pas émis en grande quantité mais est encore plus absorbant pour les infrarouges et résistant à la partie « dure » du rayonnement solaire que les halocarbures.

Les effets du réchauffement climatique : les impacts visibles

Depuis 1988, le Groupe intergouvernemental sur l'évolution du climat (GIEC) évalue l'état des connaissances sur l'évolution du climat mondial, ses impacts et les moyens de les atténuer et de s'y adapter.

Le GIEC a publié son 5e rapport (AR5) en 2014. Il montre que le changement climatique est déjà engagé :

- En 2015, la température moyenne planétaire a progressé de 0,74 °C par rapport à la moyenne du XXe siècle. En été, elle pourrait augmenter de 1,3 à 5,3 °C à la fin du XXIe siècle.
- Le taux d'élévation du niveau marin s'est accéléré durant les dernières décennies pour atteindre près de 3,2 mm par an sur la période 1993-2010.
- En France, le nombre de journées estivales (avec une température dépassant 25 °C) a augmenté de manière significative sur la période 1950-2010.
- De 1975 à 2004, l'acidité des eaux superficielles des océans a fortement augmenté, leur pH (potentiel hydrogène) a diminué de 8,25 à 8,14.

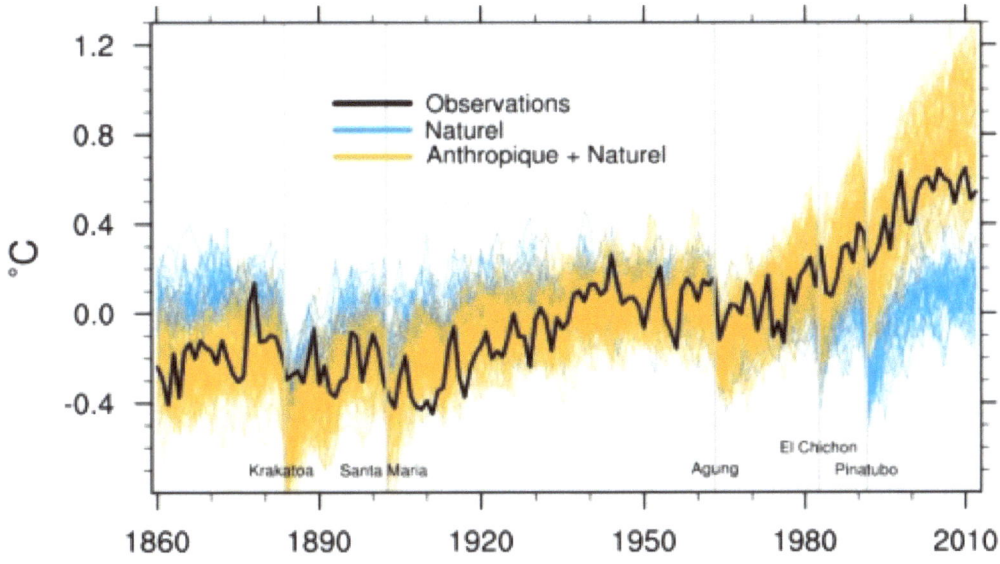

. Evolution des températures moyennes sur terre depuis 1860

- <u>La perturbation des grands équilibres écologiques</u> s'observe déjà : un milieu physique qui se modifie et des êtres vivants qui s'efforcent de s'adapter ou disparaissent sous les effets conjugués du changement climatique et de la pression de l'homme sur leur environnement.

Le GIEC évalue également comment le changement climatique se traduira à moyen et long terme. Il prévoit :

- Des phénomènes climatiques aggravés : l'évolution du climat modifie la fréquence, l'intensité, la répartition géographique et la durée des événements météorologiques extrêmes (tempêtes, inondations, <u>sécheresses</u>).
- Un bouleversement de nombreux écosystèmes : avec l'extinction de 20 à 30 % des espèces animales et végétales, et des conséquences importantes pour les implantations humaines.
- Des crises liées aux ressources alimentaires : dans de nombreuses parties du globe (Asie, Afrique, zones tropicales et subtropicales), les productions agricoles pourraient chuter, provoquant de graves crises alimentaires, sources de conflits et de migrations.

- Des dangers sanitaires : le changement climatique aura vraisemblablement des impacts directs sur le fonctionnement des écosystèmes et sur la transmission des maladies animales, susceptibles de présenter des éléments pathogènes potentiellement dangereux pour l'Homme.
- L'acidification des eaux : l'augmentation de la concentration en CO_2 (dioxyde de carbone) dans l'atmosphère entraîne une plus forte concentration du CO_2 dans l'océan. En conséquence, l'eau de mer s'acidifie car au contact de l'eau, le CO_2 se transforme en acide carbonique. De 1751 à 2004, le pH (potentiel hydrogène) des eaux superficielles des océans a diminué de 8,25 à 8,14. Cette acidification représente un risque majeur pour les récifs coralliens et certains types de plancton menaçant l'équilibre de nombreux écosystèmes.
- Des déplacements de population : l'augmentation du niveau de la mer (26 à 98 cm d'ici 2100, selon les scénarios) devrait provoquer l'inondation de certaines zones côtières (notamment les deltas en Afrique et en Asie), voire la disparition de pays insulaires entiers (Maldives, Tuvalu), provoquant d'importantes migrations.

Les impacts du changement climatique peuvent être très différents d'une région à une autre, mais ils concerneront toute la planète.

Météo… climat : quelle différence ?
Les épisodes météorologiques exceptionnels (la survenue d'un hiver rigoureux ou d'un été pluvieux) ne

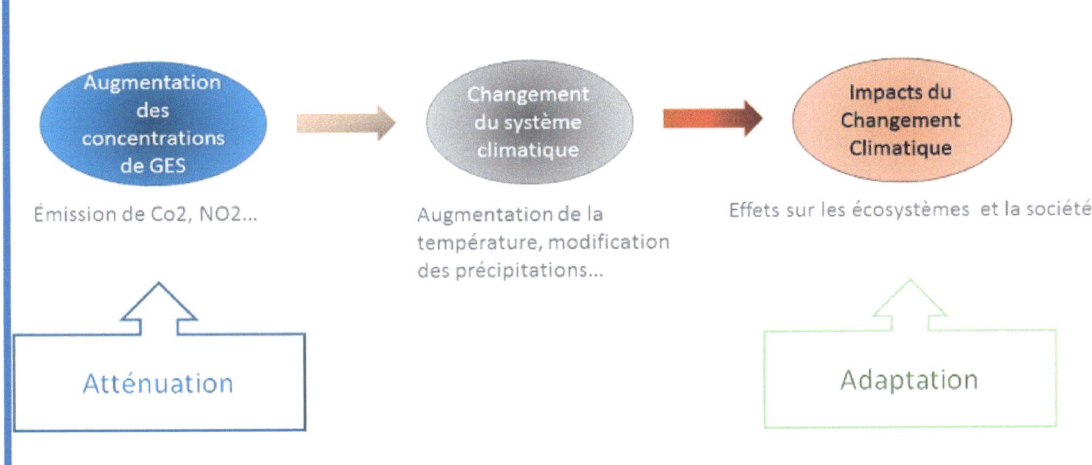

font qu'illustrer la variabilité du climat à court terme (à l'échelle d'une saison, ou d'une année). Cela ne remet pas en cause la tendance au réchauffement sur le long terme.

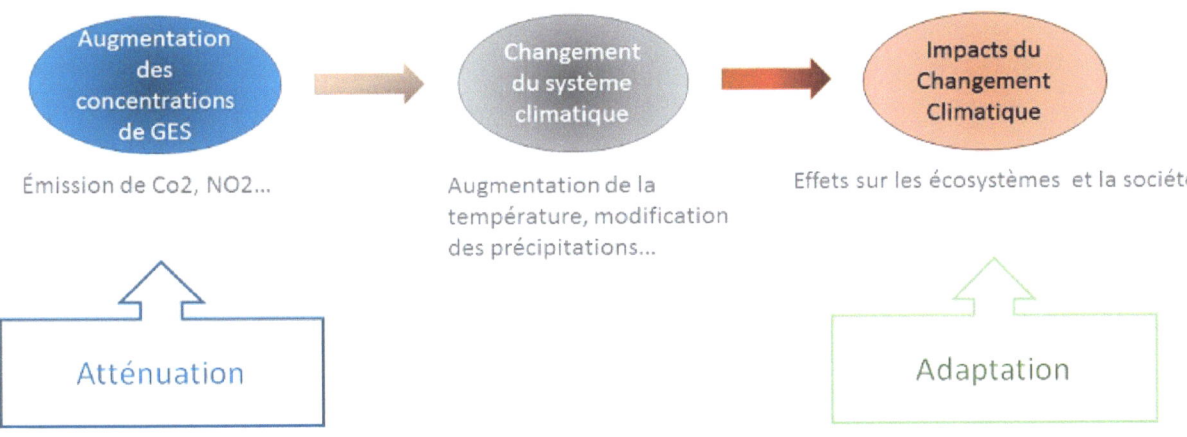

Atténuation et adaptation : deux approches complémentaires

Pour limiter les effets du changement climatique, les pays signataires de la Convention-cadre des Nations unies sur le changement climatique (CCNUCC) se sont donnés pour objectif dans l'Accord de Paris de « contenir l'élévation de la température moyenne de la planète nettement en dessous de 2 °C par rapport aux niveaux préindustriels et en poursuivant l'action menée pour limiter l'élévation de la température à 1,5 °C par rapport aux niveaux préindustriels, étant entendu que cela réduirait sensiblement les risques et les effets des changements climatiques ».

Pour ce faire, il est crucial de s'attaquer aux causes du changement climatique en maîtrisant les émissions nettes de gaz à effet de serre (GES), c'est ce qu'on appelle l'atténuation.

Cependant, compte tenu de l'inertie climatique et de la grande durée de vie des gaz à effet de serre accumulés dans l'atmosphère, l'augmentation des températures d'ici à la fin du siècle est inévitable et toutes les régions du monde sont concernées. L'adaptation au changement climatique est donc nécessaire pour en limiter les conséquences sur les activités socio-économiques et sur la nature. L'adaptation a pour objectifs d'anticiper les impacts du changement climatique, de limiter leurs dégâts éventuels en intervenant sur les facteurs qui contrôlent leur ampleur (par exemple, l'urbanisation des zones à risques) et de profiter des opportunités potentielles.

Les conséquences du réchauffement climatique

Grâce aux travaux du GIEC et des autres scientifiques qui travaillent sur la définition du réchauffement climatique, on comprend désormais mieux les conséquences de ce phénomène sur notre vie. Dans l'esprit de beaucoup, le réchauffement climatique est un problème relativement lointain qui implique simplement qu'il va faire plus chaud. Mais en fait, les conséquences sont beaucoup plus profondes.

Conséquences du réchauffement climatique sur l'écosystème et la planète

D'abord, une augmentation des températures à cause du réchauffement climatique affecte l'ensemble de l'écosystème mondial et pas seulement la chaleur ressentie. La météo s'en trouve perturbée, avec une augmentation des phénomènes météorologiques extrêmes, le changement des modèles météorologiques habituels. Cela veut dire plus de tempêtes, plus d'inondations, plus de cyclones et de sécheresses..

Le réchauffement climatique n'est pas seulement une question de thermomètre. L'augmentation des températures a de multiples conséquences sur les écosystèmes et le climat, et pourrait bien bouleverser la planète.

La capacité de régulation des océans est aussi affectée par une augmentation des températures. Si les températures globales augmentent de façon très importante, il y aura donc augmentation des niveaux des océans, mais aussi une acidification et une désoxygénation des zones océaniques. En outre, une [acidification des océans](#) trop prononcée pourrait limiter la capacité des mers de la planète à produire de l'oxygène et à stocker le CO2, et donc augmenter encore le réchauffement climatique. Mais cela peut aussi affecter des zones de forêts et les écosystèmes fragiles (barrière de corail, forêt amazonienne) ainsi que la biodiversité (les coraux, certains insectes et même des mammifères pourraient ne pas survivre).

Comment le changement climatique affecte-t-il les océans

Le changement climatique global de la planète n'est un secret pour personne, mais ses effets sur l'océan sont un peu moins connus. Pourtant, il s'agit d'une perturbation majeure pour ceux-ci, puisqu'ils représentent 75% de la surface du globe et fournissent une alimentation à bientôt 8 milliards d'êtres humains. Les océans sont aussi le moteur principal de la dynamique climatique de notre planète : on comprend donc mieux pourquoi ils sont autant surveillés. La réponse des océans aux changements climatiques produit des impacts parfois spectaculaires et très concrets : en ce début d'année 2016, déjà considéré comme le plus chaud depuis 1880, les conséquences ne se sont pas fait attendre. Petit tour d'horizon non exhaustif des changements en cours.

El Nino et la hausse du niveau de la mer

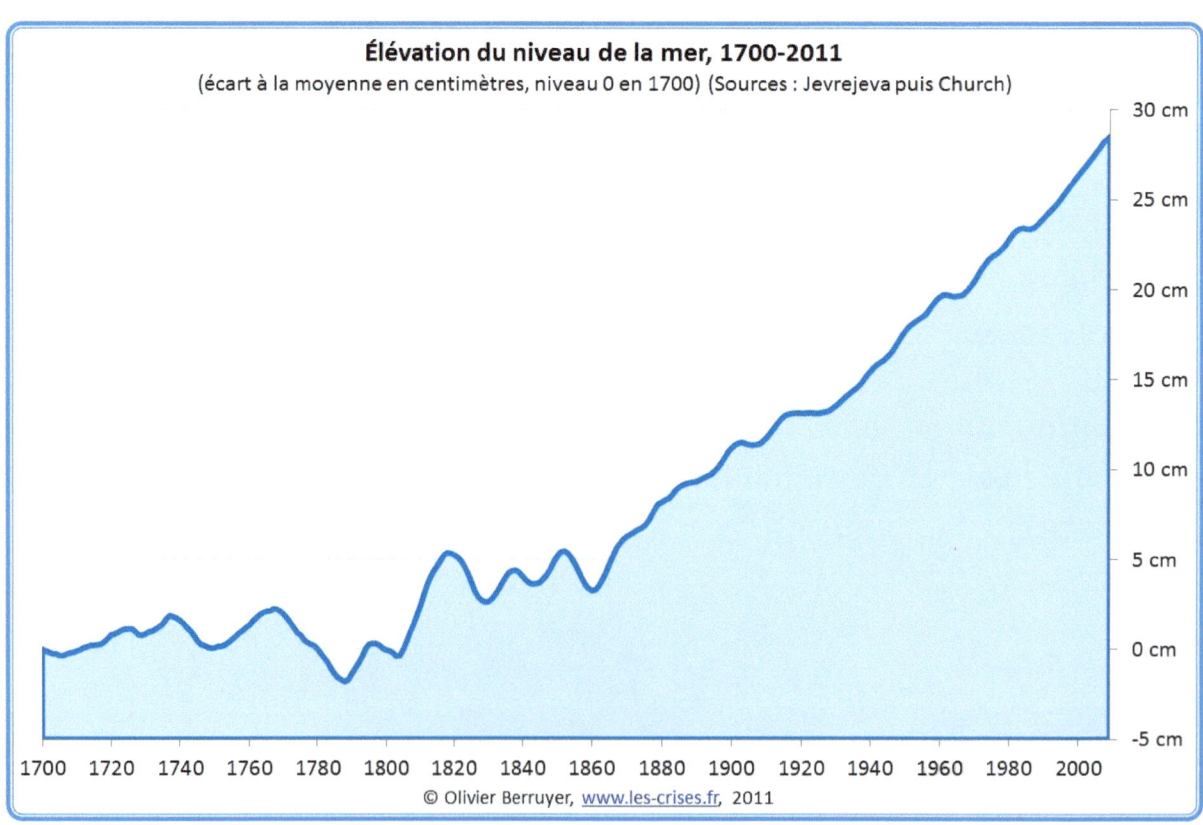

Cela n'a échappé à personne : l'océan, c'est de l'eau. Et l'eau, quand elle chauffe, se dilate : un litre d'eau à 15 degrés occupera donc plus d'espace qu'un litre à 13 degrés. Alors multipliez ceci par le volume d'eau présent sur la planète ([1400 millions Km3](#)) et vous pouvez imaginer les dégâts que peuvent causer une petite hausse de 0,7 degrés. 0,72 degrés Celsius, c'est exactement le montant de l'anomalie de température enregistrée à la surface des océans en Septembre 2016, **qui était d'ailleurs la plus importante jamais enregistrée**.

Cette hausse des températures est due principalement à un phénomène **El Nino** [qui est considéré comme le plus important jamais enregistré dans les annales.](#) **Ce phénomène est lié à un courant marin au large du Pérou**, apparaissant aux environs de Noël à une fréquence irrégulière de 2 à 7 ans. Il se caractérise par un réchauffement anormal de la température de surface, ce qui entraîne une modification importante du fonctionnement climatique de la zone.
El Nino provoque de fortes inondations en Amérique du Sud, une importante sécheresse déclenchant des feux de forêts monstrueux en Australie et impacte jusqu'au continent Africain.

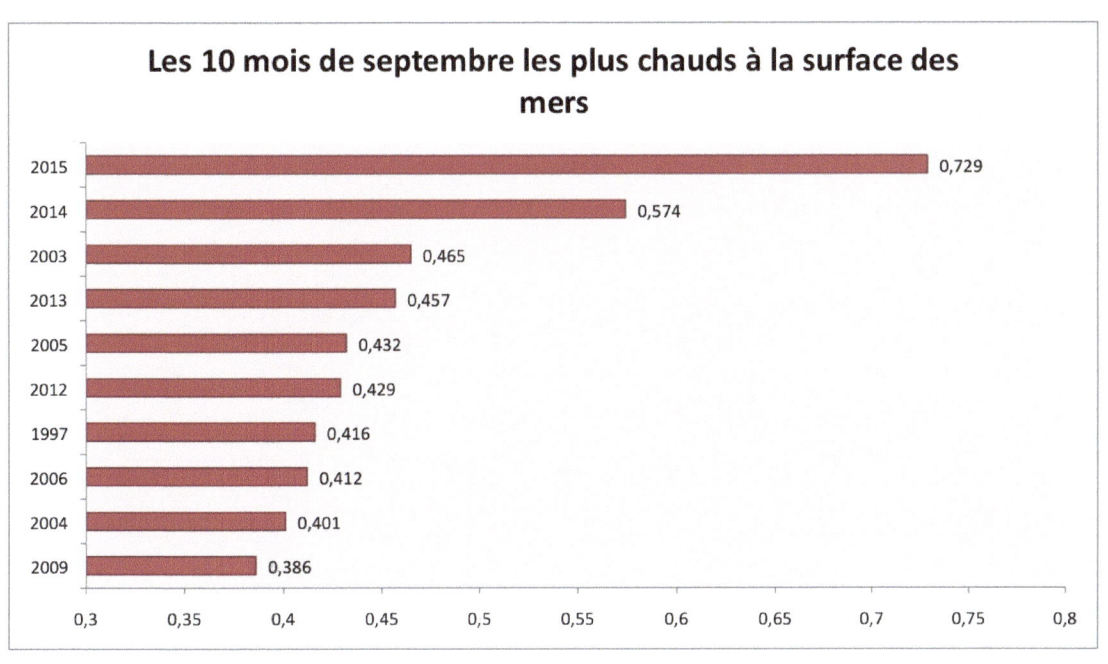

Evolution des écarts moyens de températures à la surface des océans, par rapport à la période 1961-1990, pour le mois de Septembre. Source Met Office.

Ayant fait 24 000 victimes et 34 milliards de dégâts lors de son épisode de 1997-1998, on comprend que **l'ONG Oxfam tire la sonnette d'alarme** : **El Nino** constitue « *une crise de dimension mondiale* » qui « *risque d'avoir des conséquences tragiques* ».

Les liens entre le réchauffement global de la planète et **El Nino** ne sont pas encore bien établis : on ne sait pas qui nourrit l'autre, mais l'on sait qu'ils sont en relation. Ce n'est pas un hasard si les **3 épisodes El Nino les plus importants jamais enregistrés ont eu lieu ces 20 dernières années**, tout comme les 3 années les plus chaudes jamais enregistrées depuis 1880 : 2010, 2014, 2015.

La hausse des températures des océans fait peser une menace réelle sur des villes comme Venise, New York ou Singapour : elles risquent de suivre à plus ou moins brève échéance **le sort de ces 5 îles de l'archipel des Salomons**, dont l'engloutissement a été constaté par une étude australienne. **Ces villes s'enfoncent sous leur propre poids** et sont construites sur le littoral à des hauteurs bien faibles : ces deux facteurs font craindre des **submersions marines**, d'abord en cas de tempête puis de façon plus fréquente.

Réchauffement climatique et mort des coraux

L'épisode très important d'**El Nino** est directement responsable **du blanchissement d'un millier de kilomètres de la Grande Barrière de Corail** au large de l'Australie.

Le phénomène du blanchissement se traduit par une décoloration des coraux qui expulsent l'algue avec laquelle ils vivent en symbiose. Ils peuvent s'en remettre mais aussi en mourir si l'épisode de fortes températures ne cesse pas. Et vu l'ampleur d'**El Nino** cette année, cette seconde hypothèse va vraisemblablement se vérifier. Si l'on ajoute à cela **l'acidification des océans** que provoque le CO2 en excès dans l'atmosphère, il va falloir faire vite si l'on veut visiter les derniers massifs de coraux. L'absorption de ce CO2 par les eaux de surface fait descendre le pH de l'océan, ce qui limite la capacité des micro-organismes à se fabriquer une coquille calcaire, comme le font les coraux. On considère que le pH de l'océan est aujourd'hui de 8, il pourrait se retrouver à 7,6 si rien n'est fait pour limiter les émissions de gaz à effet de serre. Une eau acide dissout les carbonates nécessaires à la constitution des coquilles ou des squelettes calcaires (appelés "tests") des oursins, coraux et autres mollusques.

C'est l'annonce d'une perte sèche à la fois pour l'économie australienne, qui a fait de la Grande Barrière de Corail l'un de ses atouts touristique mais aussi pour les **services éco systémiques**. Derrière cette notion se cache les services rendus à l'homme par les écosystèmes naturels : **ils sont chiffrables**, tels l'amortissement des tempêtes par le rôle « brise-vague » du corail, le tourisme ou encore le rôle de nurserie pour les espèces pêchées. Ainsi si la Grande Barrière de Corail ne se remet pas de cet épisode massif de blanchissement c'est autant de rôles qu'elle ne remplira plus, impactant le tourisme, la pêche et bien sûr l'écosystème océanique littoral dans son intégralité.

Réchauffement climatique et migration vers les pôles

Cet effet a été révélé par **une étude** portant sur 40 ans et analysant les réponses adaptatives de 1735 espèces marines face au changement climatique. Les effets sont impressionnants et clairement mesurables : l'eau est un milieu bien plus stable que la surface terrestre, les animaux qui se sont adaptés à ce milieu réagissent donc bien plus rapidement (en bien ou en mal) au moindre changement, notamment de température. Ainsi **le phytoplancton (micro algues à la base de la chaîne alimentaire) migre de… 467 Km par décennie** ! Certains poissons osseux se déplacent de 277 Km par décennie, forçant tout un biotope à migrer avec eux. Le problème est que ces changements géographiques se répercutent sur l'ensemble de la chaîne alimentaire, y compris sur l'alimentation humaine, via la pêche. Au final **81% des changements observés par cette étude seraient bien corrélés avec le réchauffement des océans**.

La désoxygénation, une menace sur notre « poumon bleu »

Une autre menace peu connue est liée au phytoplancton, qui fournit la moitié de l'oxygène que nous respirons par photosynthèse (oui, ce sont des algues). **L'augmentation de la température de surface limite la production d'O2 du**

phytoplancton et son transfert vers les couches plus profondes de l'océan. La conséquence en est simple : la limite de la « zone minimum d'oxygène » (OMZ) ne fait que progresser vers la surface, au rythme d'un mètre par an. Les espèces pélagiques (Thons, Marlins), vivants en haute mer et en profondeur, voient donc leur habitat « compressé » et limité. La remontée de cette OMZ produit donc des zones pauvres en oxygène, peu propice à la vie. Les zones les plus touchées sont situées au niveau des tropiques et de l'équateur.

Quand l'on sait que **88% des stocks pélagiques sont déjà au maximum de leur exploitation humaine, voir surexploités**, on ne peut que s'inquiéter des conséquences de cette perte d'habitat.

Les océans de la planète sont donc confrontées à des défis sans précédents dans la longue histoire de la Terre : **nous en sommes directement la cause, mais peut être aussi la solution**. En effet une étude parue récemment, annonce que certes la part de la calotte Antarctique a été sous-estimée, sa fonte pouvant faire monter le niveau marin de 50 cm à un mètre en cent ans, mais que si l'Homme limite ses émissions de GES la fonte sera réduite et son impact marginal pour la hausse du niveau des océans. Nous savons ce qu'il nous reste à faire !

Conséquences du réchauffement climatique sur la société et l'économie

Sur la société et l'économie, le réchauffement climatique peut avoir potentiellement plusieurs conséquences : la capacité des sociétés à s'adapter à un nouveau climat, à adapter leurs infrastructures, notamment médicales, mais aussi leurs bâtiments. Le réchauffement climatique aura aussi des conséquences sur la santé publique, la capacité alimentaire des pays…

Les conséquences du réchauffement climatique sur la société

On pourrait croire qu'une augmentation de 2 degrés des températures moyennes affecte peu les sociétés humaines. Et pourtant, le changement climatique pourrait se révéler être un vrai problème pour le développement économique et social. En effet, le changement climatique a des conséquences importantes sur les écosystèmes. Mais ce n'est pas seulement un problème d'écologie, de protection de la biodiversité ou d'environnement. Le changement climatique affecte également la société humaine.
En quoi le changement climatique est-il un vrai problème vis-à-vis du développement économique et social ?

Le changement climatique affecte d'abord les pays les moins développés

Les pays les plus affectés par le changement climatique sont souvent les pays du Sud. Dans ces zones où les conditions climatiques sont déjà difficiles, un changement climatique de 2 degrés pourrait avoir des conséquences difficiles. Les zones arides et semi-arides pourraient recevoir encore moins de pluie, ce qui rendrait l'agriculture quasi impossible. Les pays d'Asie et d'Asie du Sud-est pourraient faire face à des évènements météorologiques dangereux plus forts et plus fréquents, ce qui fragiliserait encore davantage leurs infrastructures. De plus, le changement climatique affectera forcément le tourisme, qui est souvent une ressource essentielle des pays du Sud. Dans ces conditions, il sera difficile pour les populations les plus pauvres de s'en sortir, d'autant plus qu'il s'agit souvent de pays qui manquent de ressources pour protéger leurs populations ou pour s'adapter aux catastrophes climatiques.
Pendant ce temps, en Europe, le changement climatique aura aussi un impact (plus d'inondations, plus d'incendies, des saisons perturbées). Mais cela devrait moins affecter les économies. De ce fait, il est fort probable que la pression

migratoire augmente (les populations fragilisées dans les pays du Sud cherchant à venir vers des régions plus propices). **On sait que le changement climatique créé déjà des flux migratoires,** et plus le changement climatique va s'intensifier, plus ces flux vont se renforcer. Quand on sait les questions que l'immigration soulèvent en Europe ou dans les autres pays économiquement avantagés, on ne peut qu'imaginer les difficultés que cela posera dans l'avenir.

Le réchauffement climatique a un impact sur les plus vulnérables

Qui ne se souvient pas de la canicule de 2003 ? qui avait surtout affecté les personnes âgées. Les plus vulnérables sont souvent les premières victimes du changement climatique. Les personnes âgées et les enfants en bas âges sont plus sensibles aux fortes chaleurs ou aux météos difficiles.
De la même façon, les **sans-abris sont souvent victimes des canicules** et il sera de plus en plus difficile, pour les organismes publics de santé, de gérer ce problème. Dans les hôpitaux, des conditions extrêmes peuvent également poser problème pour les malades ou les femmes enceintes par exemple.
La situation est encore pire dans les pays les plus chauds ou dans ceux qui ne disposent pas d'infrastructures sanitaires adaptées. Toutes les populations vivant dans les bidonvilles ou dans les zones rurales éloignées auront probablement plus de mal à survivre dans des conditions climatiques transformées.
De ce fait, le changement climatique a des effets sociaux importants : il fragilise les populations déjà vulnérables.

Le changement climatique pourrait poser des problèmes d'approvisionnement en nourriture

Les effets se font déjà sentir dans certains pays où les modifications des conditions climatiques affectent l'agriculture. **En France, les viticulteurs voient déjà leurs conditions de production changer**, mais c'est aussi le cas pour les petits paysans de nombreux pays en développement. Les dates de récoltes sont erratiques, les quantités sont souvent réduites lorsque la chaleur prive les plantes d'eau, ou quand les précipitations intenses les noient… En résumé, les productions agricoles deviennent moins prévisibles, moins stables dans le temps, et il est plus difficile de gérer les stocks.

Aujourd'hui, **le réchauffement climatique contribue déjà à la faim dans le monde**, mais il pourrait contribuer dans l'avenir à des problèmes plus profonds d'approvisionnements en nourriture. On pourrait aussi constater une augmentation du prix des matières premières, lié à la raréfaction des ressources et aux conditions de production plus difficiles et plus aléatoires. Et encore une fois, ce sont les plus pauvres et les plus vulnérables qui seront les premiers touchés par ces problèmes.

Le réchauffement climatique accroît les inégalités

Le réchauffement climatique pourrait aussi accroître les inégalités dans le monde. D'abord entre les pays : puisque les pays du Sud sont plus durement affectés, leur croissance l'est aussi. **Une croissance faible veut aussi dire des revenus plus faibles, particulièrement pour les premiers maillons des chaînes de production** (les petits paysans et les ouvriers). Cela peut aussi avoir un effet en termes de capacité d'adaptation. Les riches ont ainsi une capacité plus importante à se prémunir contre les effets pervers du changement climatique (comme les inondations dans le Sud de la France par exemple) alors qu'il est plus difficile pour une personne pauvre de s'assurer correctement contre ces risques. De ce fait, le changement climatique pourrait contribuer à perpétuer des inégalités, y compris dans les pays développés.

De plus, la croissance des inégalités pourrait mener à des conflits sociaux dans certaines régions. Pression sur les ressources en eau ou en nourriture, conflits territoriaux… la liste des problèmes que pourrait engendrer le réchauffement climatique est plus longue.

La lutte contre le réchauffement climatique coûte de l'argent

Enfin, l'un des problèmes fondamentaux du réchauffement climatique est qu'il coûte cher. La lutte contre le réchauffement climatique a un coût important : construction d'infrastructures adaptées, adaptation des infrastructures urbaines et des bâtiments, mais aussi des systèmes de santé ou d'énergie. C'est potentiellement un montant de plusieurs dizaines milliards, qui auraient pu être alloué à des programmes d'éducation ou des programmes sociaux, voire à des programmes de création d'emplois. En gros, si l'Etat doit dépenser plus d'argent dans la lutte contre le changement climatique, dans la réparation des infrastructures suite aux catastrophes naturelles, c'est autant d'argent qu'il ne dépensera pas pour améliorer les conditions sociales. Il se pourrait même que le changement climatique fasse monter vos impôts !

Comment lutter contre le réchauffement climatique ?

Pour lutter contre le réchauffement climatique, il faut avant tout réduire l'utilisation des énergies fossiles responsables des émissions de gaz à effet de serre. Pour cela, le premier moyen est de se tourner vers les énergies renouvelables et d'éviter à l'avenir les énergies fossiles. Mais il faut aussi essayer de se débarrasser des gaz à effet de serre.

Comment se débarrasser des gaz à effet de serre ?

Pour se débarrasser du dioxyde de carbone, certains préconisent la plantation de forêts ou de favoriser le plancton à la surface des océans. D'autres proposent de l'enfouir dans d'anciens champs pétrolifères.

Si les relevés effectués à Hawaii depuis plus de soixante ans sont formels quant à l'augmentation de la teneur atmosphérique en dioxyde de carbone (CO_2), les scientifiques s'arrachent toujours les cheveux sur la manière de se débarrasser de cette molécule incolore et inodore dont la durée de vie dépasse cent ans. Issu de la combustion des énergies fossiles, le CO_2 est responsable de la modification chimique de l'atmosphère et, donc, du dérèglement climatique. Première piste, la production d'énergie non productrice de CO_2 s'avère compliquée. Le nucléaire est l'énergie la plus « propre » au regard du climat, mais la gestion de ses déchets pose problème. De même, le moteur à hydrogène, par son caractère explosif, fait peur, et les expériences de pile à combustible en sont encore à leurs balbutiements.

Sachant que la consommation d'énergie fossile augmente en moyenne de 2 % chaque année, l'idée de faire disparaître l'agent coupable a germé en même temps que les chercheurs constataient les premiers effets du réchauffement. Longtemps débattue pendant les négociations internationales, la création de « puits » de CO_2 grâce à la plantation de forêts s'explique par le fait que, pour pousser, un arbre a besoin de carbone. *« Les poutres de la cathédrale de Notre-Dame contiennent du carbone de l'atmosphère du Moyen Age »,* explique en souriant Claude Mandil, président de l'Institut Français du Pétrole (IFP). Tout le problème est qu'une fois arrivé à maturité l'arbre tombé au sol pourrit et recommence à... dégager du CO_2. De même, les incendies de forêts qui ont dévasté la Grèce et l'Ouest américain ces dernières années ont dégagé beaucoup de gaz.

Réduire la consommation énergétique d'origine fossile

Réduire sa consommation énergétique, éviter le gaspillage alimentaire, mieux se nourrir en évitant les produits qui ont une trop grosse empreinte carbone, optimiser l'utilisation des ressources… En résumé, il faut adapter notre mode de vie à la notion de [résilience](#) et de [développement durable.](#) Il faut aussi transformer nos sociétés pour aller vers un modèle industriel et une [mondialisation](#) qui prenne en compte l'[écologie](#).

Comme nous l'avons vu mentionné précédemment, les entreprises sont et seront à l'avenir très affectées par le changement climatique. Pourtant, beaucoup ne savent pas ce qu'elles peuvent faire pour lutter contre cela. Voici donc 10 actions que toutes les entreprises pourraient mettre en place pour apporter leur pierre à l'édifice dans la lutte contre le réchauffement climatique.

Mesurer ses émissions de gaz à effet de serre et les analyser

La première étape pour toute entreprise qui souhaite réduire son impact sur le climat consiste à mesurer ses émissions de gaz à effet (GES) de serre. Pour cela, de nombreuses agences privées, certifiées Bilan Carbone, peuvent aider les entreprises à mesurer leurs émissions de CO_2. Toutes les entreprises peuvent faire cette démarche, qui coûte de 5 000 à 12 000 € pour les entreprises de plus de 250 salariés en moyenne. L'ADEME aide d'ailleurs financièrement les PME, jusqu'à 70%.
Une fois les émissions de GES connues, il faut les analyser pour voir quelles activités de l'entreprise sont les plus polluantes. Une fois cette analyse faite, les entreprises peuvent alors commencer à réfléchir à des solutions pour réduire les émissions.

Réduire sa consommation d'énergie

Éteindre les lumières en partant du bureau le soir, baisser légèrement le chauffage ou la climatisation, éteindre les prises

lorsqu'elles ne sont pas utilisées… En faisant attention au quotidien, les entreprises peuvent réduire légèrement leur consommation d'énergie et donc leur impact sur le climat.
Si chaque entreprise française, soit près de 3,5 millions, réduisait de quelques pourcents leur consommation, l'effet sur le climat serait déjà fort.

Utiliser les énergies renouvelables

Aujourd'hui, de plus en plus de particuliers font le choix de l'énergie renouvelable, et pour les entreprises aussi c'est une solution intéressante. Les fournisseurs comme **Lampiris** ou **Enercoop** représentent d'ailleurs une solution intéressante pour n'utiliser que de l'énergie 100% renouvelable. En évitant les énergies fossiles, on réduit sensiblement son empreinte sur le climat.

Réduire ses déchets et lutter contre l'obsolescence

Une autre façon de réduire son empreinte sur le climat est de réduire ses déchets. Que ce soit les déchets industriels d'une grosse entreprise ou les déchets papiers d'une petite PME du secteur tertiaire, toutes les entreprises produisent des déchets. Éviter les tasses, les touillettes et les capsules jetables à la machine à café, réduire ses impressions, penser à réutiliser le papier comme brouillon, trier correctement ses déchets… Les solutions ne manquent pas, et les salariés sont souvent inventifs s'ils sont motivés par la direction.
Il est également important de bien utiliser ses équipements pour éviter qu'ils ne se dégradent et de les réparer lorsqu'ils tombent en panne au lieu d'en racheter.

Optimiser les transports des salariés

Nous le savons, le transport est l'un des plus gros secteurs d'émissions de gaz à effet de serre. En incitant les employés à prendre les transports en commun ou à pratiquer le covoiturage, nous réduisons sensiblement les émissions de CO2 indirectes de l'entreprise et donc son impact climat. Organiser des groupes de covoiturages en interne est aussi une bonne manière de créer une solidarité dans l'entreprise.

Choisir des infrastructures et des équipements plus écologiques

Il est aujourd'hui possible de choisir des infrastructures et des équipements plus écologiques. Cela va d'une flotte de véhicules hybrides, à une rénovation des bâtiments selon les dernières normes environnementales, jusqu'au choix de papier issu du recyclage. Toutes les fournitures peuvent être choisies en fonction des critères environnementaux : imprimantes, écrans basse consommation, produits d'entretien, et même les meubles (faits en bois certifié par exemple).

Bien choisir ses partenaires commerciaux

Chaque entreprise a aussi une responsabilité dans le choix de ses partenaires commerciaux. Choisir un fournisseur est un choix écologique et chaque entreprise devrait faire l'effort de choisir des fournisseurs aux meilleures pratiques environnementales.
[Cela vaut pour la supply chain](#), mais aussi pour les éventuels distributeurs. Pour les entreprises financières, il faut aussi [diriger les investissements en priorité vers les entreprises « green ».](#)

Sensibiliser ses employés, ses parties prenantes et ses clients

En tant qu'agent économique, l'entreprise a aussi un rôle de sensibilisation envers ses employés, ses parties prenantes, et ses consommateurs. Organiser des concours en interne permet de mobiliser ses salariés et faire des campagnes de sensibilisation auprès de ses clients permet d'améliorer la prise de conscience.

Ces petits gestes créent progressivement le terreau de meilleures pratiques que les individus reproduisent ensuite chez eux et transmettent à leurs amis… L'effet boule de neige en quelque sorte.

Favoriser les modes de travail écologiques

Certains modes de travail sont plus écologiques que d'autres : **le télétravail par exemple a de nombreux avantages du point de vue écologique**. On peut aussi penser aux vidéos-conférences qui évitent aux employés d'avoir à se déplacer en voiture pour les réunions avec certains clients.
Le travail sur papier a également un impact environnemental plus fort que le travail informatique. Mais il ne faut pas tomber dans l'extrême inverse car Internet a également un impact environnemental important. Ainsi, éviter de mettre toute l'entreprise en copie d'un mail qui ne concerne qu'un département économise beaucoup de CO2.

Militer pour la lutte contre le changement climatique

Enfin, le rôle des entreprises est aussi politique. Sur leur territoire, au niveau régional ou national, les entreprises qui veulent lutter contre le changement climatique doivent être militantes. En poussant les politiques et les acteurs publics à agir sur le réchauffement climatique, elles peuvent avoir une grosse influence. Si les entreprises sont actives, cela peut mener à de nouvelles réglementations environnementales qui peuvent avoir un impact significatif contre le réchauffement climatique.

Réduire le gaspillage alimentaire : 10 initiatives pour compléter la Loi de transition énergétique

La loi obligeant les grandes surfaces à faire don de leurs invendus pour éviter le gaspillage alimentaire a été votée au

Sénat dans le cadre de la loi sur la Transition Énergétique. Elle est rentrée en vigueur depuis fin 2015. Le parlement européen, quant à lui, a voté le 9 juillet 2015 une résolution sur l'économie circulaire allant dans le même sens.

Aussi salutaire que soit cette idée, elle ne règle qu'en partie le problème du gaspillage alimentaire, car **les grandes surfaces ne représentent que 5% des pertes**. En réalité, plus de 55% du gaspillage alimentaire se fait en bout de chaîne, en restaurant (14%) et chez l'habitant (42%).

Qu'on se rassure cependant, si l'on souhaite agir contre le gaspillage, il existe de nombreuses solutions inventives. Tour d'horizon de 10 initiatives qui permettent de réduire le gaspillage alimentaire, chez soi ou au restaurant :

Checkfood, l'appli anti-gaspillage

C'est un vrai classique : vous avez acheté 3 paquets de yaourts car ils étaient en promo, et depuis, il y a un paquet sur une étagère de votre frigo que vous avez oublié. Avec **Checkfood**, votre téléphone vous alerte lorsque leur date de péremption approche. Ouf.

Dans le même ordre d'idée, nous avions rédigé un article sur l'appli **Gaspifinder** où la communauté s'échange des astuces pour consommer des produits, même après la Date Limite de Consommation.

Des frigos en libre service ?

Si vous avez salivé devant **l'épreuve des épluchures de Top Chef**, sachez qu'un restaurant fait cela… pour de vrai. Dan Barber, chef étoilé du désormais célèbre Blue Hill New Yorkais a lancé le concept à Greenwich Village. Wasted est un restaurant où on ne sert que des plats à base de choses qui sont jetées en cuisine : épluchures, carcasses de crustacés, fanes de légumes. Un cœur de chou-fleur confit et des pates de langoustes, des steaks faits de restes de légumes ? Si Alain Ducasse, Daniel Humm ou Thomas Keller ont bien voulu cuisiner à Blue Hill, c'est que ça doit être bon.

Le bruit du frigo : des idées de recette pour vos fonds de placard

Là encore, une idée simple mais qui peut faire du bruit. L'idée est de nous aider à surmonter nos pannes d'inspiration culinaires. Grâce au site web **lebruitdufrigo.fr**, il n'y a qu'à taper vos ingrédients dans le moteur de recherche pour avoir une recette. On y apprend notamment comment réaliser une super recette de boulettes de viande avec un steak haché et du pain de mie. Une bonne idée pour utiliser ses fonds de placard plutôt que de jeter.
Dans la même veine, on trouve aussi l'appli **Frigomatic**, qui vous fournit des recettes avec ce qu'il reste dans votre frigo et vos placards !

Cuisiner avec des restes

C'est ce que l'on peut apprendre grâce à certaines associations comme **Guest Cooking**. Il n'y a pas que Dan Barber qui puisse faire des merveilles avec un bout de pain rassis. Chez vous, vous pouvez en faire de la chapelure, utilisable ensuite pour paner vos tempuras d'épluchures de légumes. Et le pire, c'est que c'est bon.

Les doggy bags ou « Gourmet Bag »

Le phénomène est ultra-populaire dans le monde anglophone. Vous repartez chez vous avec ce que vous n'avez pas mangé au restaurant. En France, le phénomène commence à arriver, mais il fallait d'abord lui trouver un nom chic qui soit à la hauteur de notre gastronomie. Ce sera le **Gourmet Bag,** un projet piloté par l'ADEME Rhône Alpes et l'UMIH (first union of coffee makers, hotel restorer). Si votre resto préféré ne le fait pas encore, parlez-en au patron !

Partage ton frigo

Dans le même genre que l'initiative Berlinoise des frigos en libre service, cette appli permet de faire savoir à tous les utilisateurs près de chez vous qu'il vous reste 5 tranches de jambon qui périment demain. Grâce à la géo localisation, vos voisins peuvent vous aider à écouler vos stocks. Plus d'information dans notre précédent article « **Partage ton Frigo, la Nouvelle application anti gaspillage** ».

Acheter les légumes moches

Le gaspillage des grandes surfaces est aussi le fait des consommateurs qui refusent souvent d'acheter des légumes qui n'ont pas une forme ou une couleur parfaite… Résultat, les grandes surfaces les refusent de plus en plus en amont, aux producteurs ! Acheter des légumes moches permet de lutter petit à petit contre ce phénomène. On peut s'en procurer auprès de la marque **« Gueules Cassées »,** qui rassemble des producteurs vendant à bas prix leurs fruits et légumes moches. MC Caïn a également lancé **une initiative similaire dans le Nord-Pas-de-Calais**. Les légumes moches des fournisseurs de MC Caïn et E-Leclerc sont récoltés par des demandeurs d'emploi de longue durée, transformés en soupes puis vendus dans les magasins de la région. Beau ou moche, chaque légume a droit à son heure de gloire.

Acheter au poids à la Recharge

Deux jeunes bordelais ont lancé **La Recharge** à deux pas de la Place Fernand Lafargue à Bordeaux. On y achète tout au poids, aucun emballage jetable n'est autorisé ! On n'achète que la quantité dont on a besoin, ce qui éviter de surconsommer, ou de jeter. **La chaine d'épiceries sans emballages Day-by-Day** fonctionne sur le même principe et possède des magasins dans plusieurs régions de France.

Promouvoir des cantines sans gaspillage

Mille et un repas, est une entreprise de restauration scolaire, a tenté l'expérience en proposant des plats à volonté aux enfants dans les cantines. Paradoxal ? Peut-être pas. L'élève peut se servir une entrée à volonté dans un premier temps, et lorsqu'il a finit, il peut se servir son plat, avec accompagnement à volonté. Le contrat est que les élèves ne laissent rien dans leur assiette. Résultat, les restes sont passés (dans les cantines partenaires) de 167 grammes à moins de 10 grammes en moyenne. Et en plus, on sensibilise les jeunes à une consommation plus responsable.
Il existe donc énormément de moyens de lutter à son niveau contre le gaspillage alimentaire. On peut également citer les désormais célèbres **DiscoScoupe** et **Zéro Gâchis**. En bonus, vous pouvez jeter un œil à notre **catégorie gaspillage.**

Les énergies renouvelables peuvent-elles limiter le réchauffement climatique ?

Le Groupe d'experts intergouvernemental sur l'évolution du climat (Giec) a publié un rapport accablant concernant la hausse des températures à l'échelle mondiale. Tout n'est cependant pas perdu : le document estime en effet que le pire pourrait être évité si la part des énergies renouvelables dans la production électrique passait de 20 à 70% d'ici 2050. Les bioénergies, notamment, disposent d'un potentiel de développement inexploité.

Ce nouveau rapport rappelle la nécessité d'accélérer la lutte contre le réchauffement climatique que le Groupe d'experts intergouvernemental sur l'évolution du climat (Giec) a présenté. Loin de se contenter de constats pessimistes et abrupts, le document de plus de 400 pages estime qu'il serait possible de contenir la hausse des températures mondiales en dessous des 1,5°C, et par là même d'éviter certaines conséquences désastreuses.

Outre la réduction des émissions de gaz à effet de serre (-45% à horizon 2030 par rapport à 2010), le texte préconise d'augmenter fortement la part des énergies renouvelables dans la production électrique, de 20 à 70% d'ici 2050. De quoi confirmer les prévisions de l'Agence internationale de l'énergie (AIE), qui a elle aussi publié un rapport ce lundi 8.

Celui-ci fait état d'un fort développement des énergies vertes dans les cinq années à venir, notamment dans le secteur de l'électricité. Optimiste, l'organisme considère que les renouvelables pourraient représenter près d'un tiers de la production électrique globale en 2023.

La bioénergie en plein essor

Pour autant, les différents types d'énergie renouvelable sont loin de connaître tous la même progression. Preuve en est : sur les 178 gigawatts (GW) de capacités renouvelables nouvellement installées dans le secteur de l'électricité en 2017, 97 sont issus du solaire, et seulement 44 sont issus de l'éolien terrestre, en net ralentissement.

La bioénergie, en revanche, dispose d'un potentiel de développement particulièrement important, dans les transports et la chaleur entre autres. Sous-estimée, et sous-exploitée, cette source d'énergie tirée de la biomasse est très utilisée à travers le monde.

« *Sa part dans la consommation totale de renouvelables dans le monde est d'environ 50% aujourd'hui, en d'autres termes autant que l'hydro, l'éolien, le solaire et toutes les autres énergies renouvelables combinées* », indique Fatih Birol, directeur exécutif de l'AIE. « *La bioénergie moderne devrait continuer à dominer et représente d'énormes perspectives de croissance future. Mais il faudra les bonnes politiques et des réglementations rigoureuses en termes de soutenabilité pour que le potentiel soit atteint* ».

Dans ce sens, le rapport réclame l'accélération du « *développement des énergies renouvelables dans les secteurs de la chaleur, de l'électricité et des transports* », plutôt que de se contenter du chauffage et de la cuisine au feu de bois comme c'est le cas actuellement. Un tort d'autant plus dommageable que les énergies renouvelables sont de plus en plus compétitives, comme le rappelle l'AIE.

Conclusion

Les différents exemples présentés montrent combien, indépendamment des scénarios du GIEC, la redécouverte du rôle joué par le climat dans les contextes locaux met l'accent sur une réalité multiforme et en continuelle évolution. La géographie dans sa complexité est résolument dynamique et en aucun cas le climat ne peut être considéré comme un déterminant d'un paysage et d'un territoire définis de manière statique. Même les plus prestigieux terroirs viticoles apparaissent comme des réalités mouvantes, des systèmes, en continuel devenir sous l'effet d'une dynamique endogène et de contraintes externes ! Le climat agit toujours comme une variable qui se combine de manière complexe avec de nombreux autres facteurs constituant le système considéré. Les exemples présentés reflètent bien cette complexité sur des thèmes aussi variés que la santé, la viticulture ou les pentes du Kilimandjaro. Extrapoler des évolutions sociétales à partir de données, très incertaines au demeurant, sur le seul changement climatique relève d'une orientation prospective difficile.

Comme le montre **C. Norrant-Romand**, les modèles climatiques suggèrent bien une tendance au réchauffement, politiquement reconnue à travers le protocole de **Kyoto** dont les principales clauses sont en phase avec le contexte énergétique mondial et les principales orientations du développement durable. Ensuite, pour les États, il est bien difficile de décliner ces constatations générales, objet d'un large consensus, en prescriptions plus précises tant les contextes locaux sont variés. Les manifestations locales du changement climatique sont connues de manière très incertaine et donc, des préconisations trop rigides sont totalement contre-productives dans un contexte où précisément, seule la dynamique locale peut insuffler l'adaptabilité et la flexibilité indispensables.

Paradoxalement, alors que l'évolution du climat concerne l'ensemble de la planète, les réponses esquissées ont une orientation patrimoniale qui n'a rien à voir avec la défense passéiste des vieilles pierres ou d'un territoire figé. Les exemples présentés montrent l'importance des variables endogènes, même et surtout en cas de contraintes extérieures, comme celles qu'exerce le climat. L'enjeu principal qui résulte des analyses esquissées, montre la nécessité de s'adapter aux évolutions du monde non pas seulement par la technique mais en croisant les richesses naturelles avec celles de la culture pour transformer le territoire en terroir au sein duquel humains et « non humains » sont unis par une destinée commune. La notion d'adaptation est essentielle et interroge l'artifice complexe et technique développé par les sociétés modernes qui souvent sont prises dans une spirale technique au sein de laquelle les réponses apportées génèrent une certaine vulnérabilité qui impose une nouvelle technicité. A cette spirale de l'artifice, il convient d'opposer des aménagements dits « doux » qui respectent le milieu naturel. L'exemple des littoraux montre combien la lutte de l'homme contre l'avancée de la mer est imparable même avec les meilleures digues. Mieux vaut accompagner les modifications du trait de côte par une adaptation progressive. C'est ce type d'adaptation qui stimule la connaissance et l'innovation qui, selon l'OMS, est un gage de bonne santé qui est : « *le processus qui confère aux populations les moyens d'assurer un plus grand contrôle sur leur propre santé, et d'améliorer celle-ci* ». Cette démarche relève d'un concept définissant la " santé " comme la mesure dans laquelle un groupe ou un individu peut d'une part, réaliser ses ambitions et satisfaire ses besoins et, d'autre part, évoluer avec le milieu ou s'adapter à celui-ci. La mobilisation des ressources locales suscite un dynamisme individuel et collectif dont les connaissances récentes en médecine apprécient les impacts sanitaires positifs.

Devant la complexité des sociétés et l'imbrication des facteurs à prendre en compte, seule une gouvernance locale peut esquisser des réponses pertinentes et partagées. Le temps d'un Etat détenteur de l'intérêt général imposé localement est révolu. Seule une gestion locale peut intégrer les facteurs naturels et imaginer un développement mieux intégré dans l'écosystème grâce à une approche plus « métabolique » à l'image du système des cosmonautes préconisé pour les déchets. Le passage d'un monde du gaspillage des énergies et des ressources naturelles à une société plus immatérielle doit se faire grâce aux ressources de la connaissance, de l'innovation et de la culture qui ne sont pas limitées mais, au contraire, partagées grâce aux facilités des outils de communication développés. Peut on imaginer une gouvernance locale davantage centrée sur la gestion des biens communs plutôt que tournée vers l'impossible quête de l'intérêt général bien souvent détourné au profit d'un petit nombre ?

Ce retour vers le local, indispensable pour tirer partie des richesses matérielles qui se raréfient ne peut s'effectuer en vase clos, l'ouverture planétaire est indispensable. M. Serre (2008) souligne la fin du territoire et la mondialisation : « *Dès lors, la pollution, telle que nous en souffrons depuis le 21e siècle et telle que, se mondialisant aujourd'hui, nous la dénonçons et nous en inquiétons, bouleverse les données primaires, vitales, « naturelles »... De cette salissure et de ses vieux résultats ; elle nous oblige à changer nos usages d'appropriation. Nous n'habitons plus le même espace : le nouveau ne connaît plus de bornage possible* ». Seuls les échanges permettent une exploitation de la spécificité des terroirs et l'évolution de la vie urbaine. Le repli du vignoble sur des terroirs adaptés a permis un saut qualitatif de la viticulture trop souvent développée, par nécessité, sur des terrains inappropriés. Tout l'enjeu de la gouvernance locale consiste à trouver le bon équilibre entre la qualité et la compétitivité liées à la spécialisation et la dépendance. La crise alimentaire mondiale oblige à repenser cet équilibre difficile entre les cultures spécialisées « monétarisables » et l'agriculture de subsistance, gage d'autonomie. La vision nostalgique d'une population vivant sur les rythmes du passé en refusant tout progrès et tout contact est quelque peu naïve et contredite par le téléphone mobile qui a fait son apparition jusque dans les régions les plus reculées de la planète. Cet objet dont la diffusion planétaire a dépassé toutes les prévisions, est le symbole d'une rupture civilisationnelle : alors que les ressources naturelles s'épuisent, alors que s'esquisse la fin d'une civilisation du matériel, les énormes possibilités des flux immatériels s'imposent comme des ressources nouvelles permettant la quête d'un sens nouveau. John Thackara, gourou du design, explique la nécessité de se dégager de l'emprise de la technique et de l'économie : « *Nous avons construit une société centrée sur la technologie qui est remarquable quant aux moyens mais incertaine quant aux fins. Et nous ne savons plus à quelle question tout cela répond ni quelle plus-value elle apporte à notre vie* ». Comme le souligne l'enquête mondiale sur « les créatifs culturels »" auxquels appartiendraient 17 % des français, la société adhère de plus en plus à d'autres choix culturels qui supposent de dépasser le paradigme de la culture technique et de l'accumulation des biens matériels. Une enquête publiée dans le numéro de janvier 2008 de 60 millions de consommateurs indique pour 80 % des consommateurs, consommer durable est une priorité aujourd'hui et que 95 % d'entre eux sont prêts à modifier leur consommation pour l'orienter vers une consommation durable.

Le sens de la responsabilité et de l'égalité apportent des alternatives par rapport à la catastrophe climatique annoncée. Les pays du Sahel, les plus touchés par les changements climatiques, en appellent à la solidarité des pays du nord, responsables de 64 % des émissions de GES pour lutter contre la désertification et la pauvreté. En effet, on estime que les pays en voie de développement, responsables de 2 % des émissions, subiront 20 % des dommages. D'ailleurs, dans la déclaration de Libreville sur la santé, signée le 29 août 2008 par un grand nombre de ministres africains. Préconise de « *mettre à jour les politiques nationales et les cadres de coopération régionaux pour aborder de manière plus efficace les liens entre la santé et l'environnement par l'intégration de ces liens dans les politiques, le stratégies et les plans nationaux de développement (...) de mettre en œuvre des programmes prioritaires intersectoriels en santé et environnement (...) développer les capacités pour mieux prévenir les maladies liées à l'environnement ».* En l'absence de politiques vigilantes, le processus d'adaptation peut être très inégalitaire et pas seulement au niveau mondial. Paradoxalement, les politiques étatiques : crédits d'impôts, écotaxes, transports urbains, favorisent les nantis.

On peut s'interroger sur la réalité du pouvoir des politiques dans ce domaine situé au croisement entre la nécessité de la réglementation et celle de l'adhésion individuelle. Cependant, tout le monde s'accorde sur le nécessaire passage du contexte scientifique des lanceurs d'alerte au portage politique. Mais à quel niveau et comment doit s'effectuer ce transfert ? Au niveau international, les Etats se montrent impuissants pour mettre en place une indispensable gouvernance planétaire. La plupart des négociations politiques fonctionnement encore sur le modèle révolu de la recherche de l'intérêt général qui, en fait, profite à des intérêts particuliers alors que les négociations environnementales devraient être forgées à partir de la notion de bien commun. La santé et son accès pour tous étant considérés comme un bien inaliénable. Les conférences internationales sur le climat ont vu la place essentielle tenue par les ONG. et les entreprises. Toutefois, la crise financière marquée par le retour en force des États risque de brouiller les cartes en amalgamant sécurité et environnement. Effectivement, la tentation sécuritaire, souvent réclamée par les populations, encourage le rôle joué par un État protecteur. Or, dans le domaine du climat et de l'environnement, la tentation sécuritaire est contre productive. Selon **A. Blowers**, (en 2009) qui s'interroge sur la situation anglaise, le retour en force de la sécurisation s'accompagne d'un mouvement de centralisation plus répressive, d'un développement des technologies lourdes telles que le nucléaire et d'une vision temporelle qui privilégie le court terme. Les exemples analysés dans cet ouvrage convergent pour montrer combien ces tendances s'opposent à la mise en place d'une vision plus patrimoniale. La montée en puissance du rôle de l'État qui, en France, rejoint la tendance jacobine naturelle, encourage la réglementation et la norme et non la flexibilité des adaptations préconisées. La surveillance relevant d'une tendance répressive étouffe l'initiative individuelle et la dynamique des sociétés locales. Au nom de la sécurité énergétique, les solutions centralisées s'opposent à la nécessaire prolifération des systèmes alternatifs adaptés à l'utilisation et au recyclage des ressources locales. En outre une vision sécuritaire peut mettre l'accent sur les nécessités de court terme au détriment de la sécurité environnementale qui s'acquiert progressivement selon le temps long des coévolutions progressives.

Dans cette perspective, en France, le « Grenelle de l'environnement » est particulièrement ambigüe. Certes cette initiative étatique a permis de franchir des frontières sectorielles et d'échanger des informations diffusées jusque là au sein de cercles restreints et fermés sur eux même. Le processus législatif lourd et lent qui résulte de cette consultation souligne combien le vrai verrou ne se situe pas au niveau de l'Etat et de la surproduction législative mais au niveau de son application et de sa déclinaison à la faveur des contextes locaux. Le défi majeur que constitue le réchauffement climatique est probablement d'inscrire toute initiative dans un contexte de dynamiques collectives. La faible participation des collectivités locales aux travaux du Grenelle et le foisonnement de nombreuses initiatives montre le décalage, comme le prouve les analyses d'**H. J Scarwell**, entre les intentions politiques et les possibilités d'action. Il s'agit d'une véritable incapacité à agir. Puisque toutes les analyses présentées convergent pour montrer que les attentes vis-à-vis des politiques relèvent d'un recentrage vers des valeurs partagées qui devrait représenter le cœur de la vie politique plutôt que vers la mise en œuvre de grosses opérations. La peur est plus mobilisatrice pour les politiques que la responsabilité et la solidarité. Or, le climat, en dépit de son caractère apocalyptique et peut être à cause de cela désarçonne les politiciens plus rassurés par la présentation de projets concrets, de détails sans importance que par la dynamique à insuffler.

Contrairement à ce que l'image que l'on pourrait en avoir, le réchauffement climatique ne peut s'appréhender uniquement sous la forme de quantifications précises et ne constitue pas pour les sociétés un horizon borné. Au contraire, le réchauffement climatique attend un signal politique fort prouvant que la communauté internationale s'engage sur la voie d'une économie raisonnée et change de trajectoire de développement. Mais la simple volonté politique suffit-elle ? Le sommet de Copenhague semble montrer qu'un bon accord aurait été de se doter d'un nouvel instrument juridique en remplacement du protocole de Kyoto et comprenant des incitations et des contraintes. C'est également une traduction économique et politique des recommandations des scientifiques et la prise en compte des plus vulnérables afin que la répartition de l'effort entre les États soit équitable. En France, le signal politique s'est illustré notamment par des modifications mineures. Mais cette ouverture du champ d'incertitude ne désigne-t-elle pas l'indétermination des politiques du changement climatique ? Certes cette tétanisation devant l'action s'explique par l'incertitude des connaissances et par l'ampleur des dommages collatéraux observés là où ils n'étaient pas attendus. Elle a également pour origine l'ampleur des transformations à effectuer en cas de changement de paradigme et l'aveu d'impuissance d'un État devant les forces en présence économiques ou idéologiques qui tissent la réalité du monde.

On peut conclure, comme **M. Serres** « *Il faut faire entrer le monde dans la politique ; car aujourd'hui le monde est hors de la politique. On est perpétuellement dans un jeu entre deux humains ; or il faudrait faire entrer un troisième intervenant dans toutes les relations : le monde réel. C'est le monde qui nous battra tous. Cela demande une révolution politique sans précédent* » Ou bien, comme le constate C. Lepage (2009) : « *Il est vrai que tout ceci implique une révolution douce, à la fois dans la réappropriation d'un pouvoir confisqué par une élite technico-administrative, hermétique aux enjeux du XXIe siècle, dans la nécessaire décentralisation, accompagnée d'une montée en puissance de la société civile, dans de nouveaux modes de production et de consommation, dans une nouvelle représentation de l'avenir et du progrès. Il s'agit donc bien de politique au sens plus noble du terme. Le changement climatique porte en lui les transformations politiques du premier quart du 21e siècle. Il n'est donc par surprenant que les hommes politiques du 20e siècle soient largement passés à côté alors que les jeunes générations y voient la clé de leur avenir* ».

L'impuissance est alors remplacée par la communication et le spectacle, le symbole remplace l'action dans une société du virtuel… ou comme le chantait **Charles Trenet** : « *Des savants avertis par la pluie et le vent Annonçaient un jour la fin du monde Les journaux commentaient en termes émouvants Les* *avis les aveux des savants Bien des gens affolés demandaient aux agents Si le monde était pris dans la ronde C'est alors que docteurs savants et professeurs Entonnèrent subito tous en chœur : Le soleil a rendez-vous avec la lune Mais la lune n'est pas là et le soleil l'attend Ici-bas souvent chacun pour sa chacune Chacun doit en faire autant… ».*

En définitive, si l'urgence climatique impose de changer de paradigme, faut-il changer la société… et non le climat ?

Table des matières

Titres………………………………………………Pages

Biographie de l'auteur……………………………………………1

Préambule………………………………………………………..2

Historique du réchauffement planétaire……………………………4

Définition du réchauffement climatique……………………………5

Historique de la science du réchauffement climatique………………6

Les causes du réchauffement climatique……………………………8

Pourquoi la terre se réchauffe-t-elle ?..11

Atténuation et adaptation……………………………………………19..

Les conséquences du réchauffement climatique sur

L'écosystème……………………………………………………21

Comment le réchauffement climatique affecte-t-il les océans………..21

El Nino et la hausse du niveau de lamer……………………………. 22

Réchauffement climatique et mort des océans………………………24

Réchauffement climatique et migration vers les pôles………………26

La désoxygénation, une menace à notre poumon bleu……………….26

Conséquences du réchauffement climatique sur la société

Et l'économie……………………………………………………….28

Comment lutter contre le réchauffement climatique ?………………31

Comment se débarrasser des gaz à effet de serre ?............................31

Réduire le gaspillage alimentaire……………………………………36

Les énergies renouvelables peuvent elles limiter le réchauffement

Climatique ?..41

La bioénergie en plein essor…………………………………………42

Conclusion…………………………………………………..………43

Table des matières……………………………………………..……52

www.ingramcontent.com/pod-product-compliance
Lightning Source LLC
Chambersburg PA
CBHW051218220526
45473CB00003B/1078